泸石高速
生态之路

复杂艰险山区高速公路建设项目
环境保护和水土保持
标准化图集

四川泸石高速公路有限责任公司 主编

西南交通大学出版社
·成 都·

图书在版编目（CIP）数据

复杂艰险山区高速公路建设项目环境保护和水土保持标准化图集 / 四川泸石高速公路有限责任公司主编. — 成都：西南交通大学出版社，2022.1
ISBN 978-7-5643-8593-4

Ⅰ. ①复… Ⅱ. ①四… Ⅲ. ①山区道路 – 高速公路 – 道路工程 – 基本建设项目 – 环境保护 – 标准化 – 图集②山区道路 – 高速公路 – 道路工程 – 基本建设项目 – 水土保持 – 标准化 – 图集 Ⅳ. ①U412.36-64②S157-64

中国版本图书馆 CIP 数据核字（2022）第 017283 号

Fuza Jianxian Shanqu Gaosu Gonglu Jianshe Xiangmu Huanjing Baohu he Shuitu Baochi Biaozhunhua Tuji
复杂艰险山区高速公路建设项目环境保护和水土保持标准化图集

四川泸石高速公路有限责任公司 / 主　编	责任编辑／李芳芳 封面设计／原创动力

西南交通大学出版社出版发行
（四川省成都市金牛区二环路北一段 111 号西南交通大学创新大厦 21 楼　610031）
发行部电话：028-87600564　028-87600533
网址：http://www.xnjdcbs.com
印刷：四川玖艺呈现印刷有限公司

成品尺寸　185 mm × 260 mm
印张　4.5　字数　84 千
版次　2022 年 1 月第 1 版　　印次　2022 年 1 月第 1 次

书号　ISBN 978-7-5643-8593-4
定价　28.00 元

图书如有印装质量问题　本社负责退换
版权所有　盗版必究　举报电话：028-87600562

编制人员名单

主 编 单 位：四川泸石高速公路有限责任公司

参 编 单 位：四川路桥华东建设有限责任公司泸定至

石棉高速公路C1总承包项目经理部

四川省交通建设集团股份有限公司泸定至

石棉高速公路C2总承包项目经理部

编制组负责人：袁飞云

编制组成员：肖　锋　孙　来　张　猛　易小萍

祁海军　代枪林　雷开云　陈敬英

彭志忠　闫红光　刘兴臣　肖励之

宋　杨　杨子愚　杜海涛　宋　炜

莫　苹　李兴隆　景会斌　陈　利

前 言

党的十八大以来,生态文明建设成为统筹推进"五位一体"总体布局和协调推进"四个全面"战略布局的重要内容,被纳入党中央治国理政的顶层设计与方略之中,其重要性上升到前所未有的历史高度,在新时代党和国家各项事业中极端重要。

以习近平新时代中国特色社会主义思想和党的十九大关于生态文明建设的新理念新思想,探索以生态优先、绿色发展为导向的高质量发展新路子,对公路建设提出新的更高要求。

交通运输部倡导推动绿色交通建设,对交通基础设施的生态保护工程,要求将生态保护理念贯穿到交通基础设施规划、设计、建设、运营和养护全过程。

四川泸定至石棉高速公路项目是复杂艰险山区高速公路建设项目,面临极其敏感脆弱的生态环境,作为本项目的建设单位四川泸石高速公路有限责任公司(后简称泸石公司)必须坚决扛起生态环境保护的政治责任,在思想上、政治上、行动上同以习近平同志为核心的党中央保持高度一致,高点站位、高位谋划、高位推进,在工程建设全过程坚持"保护优先、预防为主、综合治理"基本方针,牢固树立创新、协调、绿色、开放、共享的发展理念,以"零排放、零污染、零环保责任事故"为管理目标,促进生态系统良性循环和可持续利用,努力将泸石高速公路打造成为"生态之路",筑牢长江中上游生态屏障,建设"美丽中国"。

四川泸石高速公路有限责任公司组织四川路桥华东建设有限责任公司、四川省交通建设集团股份有限公司、四川省公路规划勘察设计院有限公司(环评报告和水土保持方案编制单位)、招商局重庆交通科研设计院有限公司(环保咨询)、四川炯测环保技术有限公司(环保监测)、四川嘉源生态发展有限责任公司(水保监理)、四川西晨生态环保有限公司(水保监测)等相关单位,查阅收集资料、咨询研究讨论,编制完成《复杂艰险山区高速公路建设项目环境保护和水土保持标准化图集》,在后续工程建设管理过程中将不断修订完善。

四川泸石高速公路
有限责任公司介绍

目 录

01 | 环评报告书和水土保持方案报告书编制报批工作 ········· 1

02 | 设计阶段环保工作 ············14

03 | 施工阶段环境保护和水土保持措施 ············26

04 | 建设单位标准化管理措施 ············50

05 | 竣工验收阶段环水保工作 ············62

01

环评报告书和水土保持方案报告书编制报批工作

切实推进项目环水保要件办理

2018年11月，四川省生态环境厅以（川环审批〔2018〕153号）文件，对项目环境影响报告书进行批复。随着项目设计工作的深入进行，为绕避原工可路线地质灾害点和环境敏感点，并保障项目建设及营运安全，项目初设、施设阶段对原环评阶段（工可阶段）路线进行了优化调整。

经组织核查，施设阶段路线方案较工可阶段横向位移超出200 m的长度累计约58.72 km，占路线总长的60.66%，超出30%，根据原环境保护部《关于印发环评管理中部分行业建设项目重大变动清单的通知》（环办〔2010〕52号），此属于重大变动。

路线横向位移超出300 m的长度约48.998 km，占路线总长的50.94%，超过20%，根据水利部办公厅《关于印发<水利部生产建设项目水土保持方案变更管理规定>（试行）的通知》（办水保〔2016〕65号），此属于重大变动。

因此，泸石公司根据相关法律法规要求，重新组织编制、报批项目环境影响评价报告书和水土保持方案。

一、环保要件办理

2021年1月28日,四川省生态环境厅以(川环审批〔2021〕9号)文批复《泸定至石棉高速公路环境影响报告书(重新报批)》。

环评批复

■ 根据《中华人民共和国环境影响评价法》《建设项目环境保护管理条例》等法律法规要求，结合项目实际情况，梳理形成《公路建设项目环评要件办理流程图》。

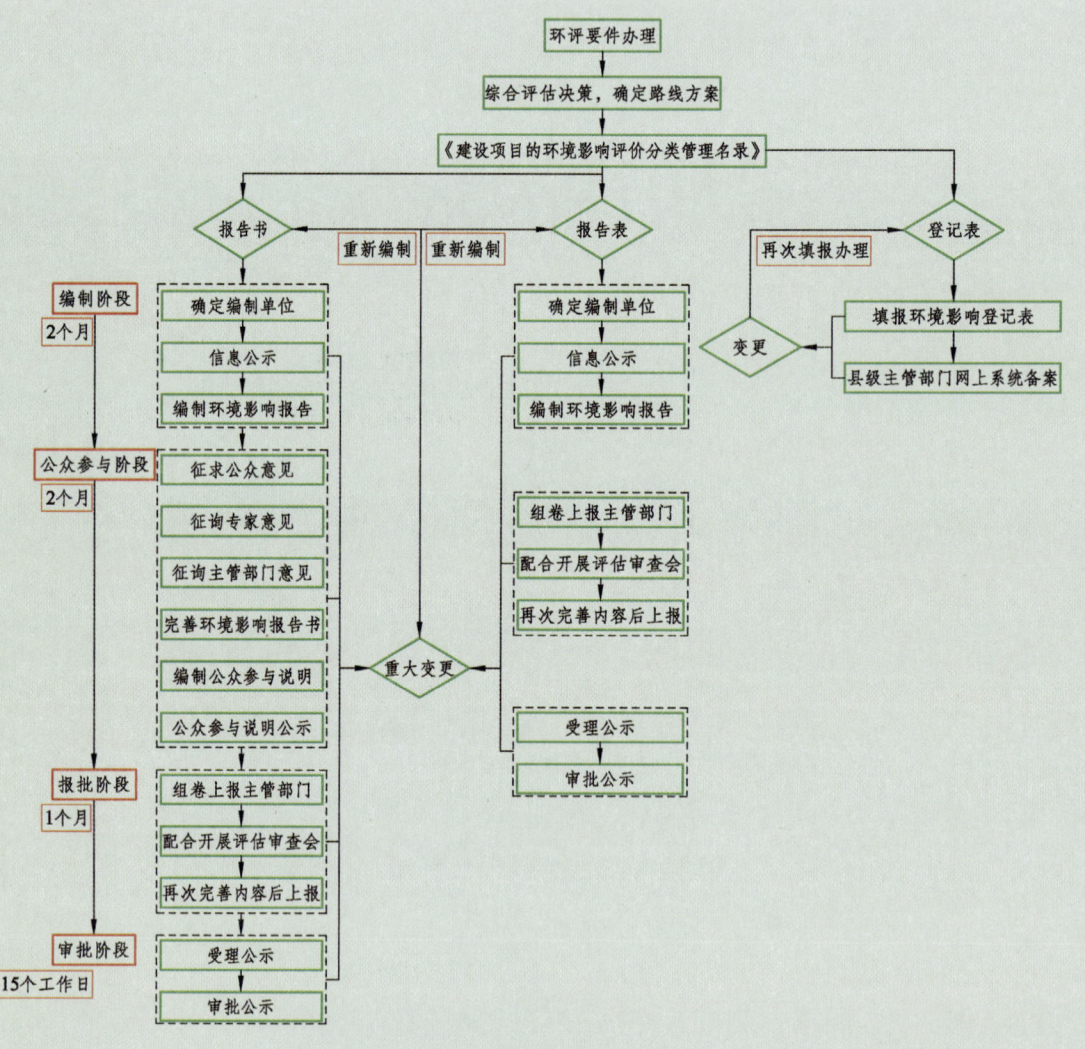

公路建设项目环评要件办理流程图

■ 根据《关于印发环评管理中部分行业建设项目重大变动清单的通知》（环办〔2015〕52号）文件要求，梳理形成《高速公路建设项目重大变动清单示意图》。

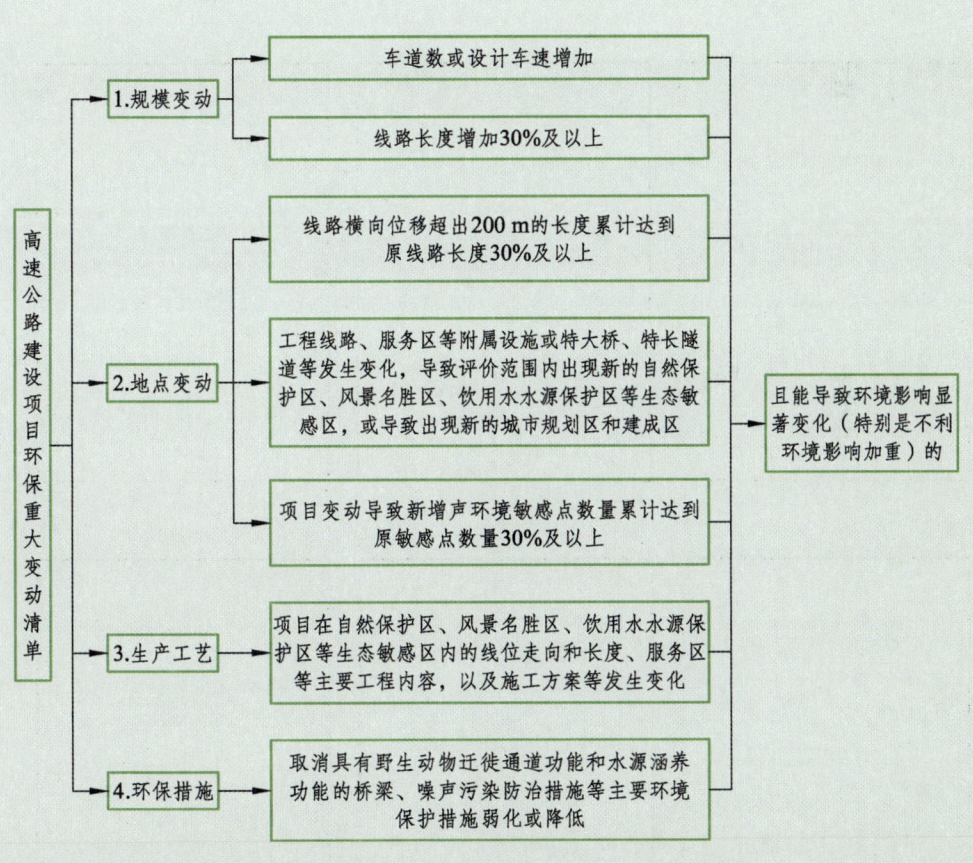

高速公路建设项目重大变动清单示意图

■ 超前谋划，设计阶段组织监理、施工等单位提前规划施工生产生活场地132处，并纳入项目环境影响评价报告书（大环评）。

施工阶段，进一步核实施工生产生活场地变化情况，对于未纳入大环评的新增临时设施，严格要求参建单位完善环保手续，主动向泸定、石棉县生态环境局沟通汇报。

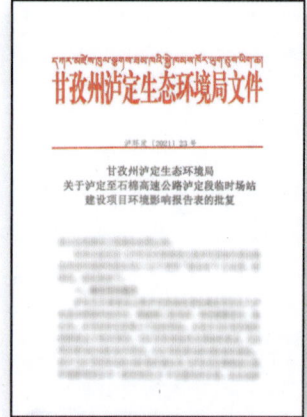
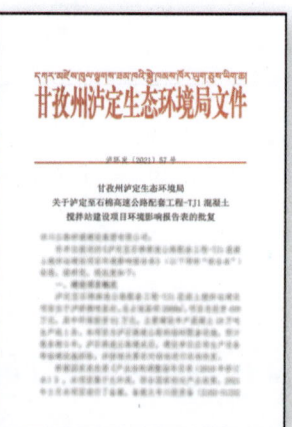

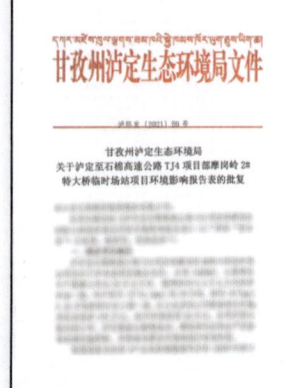

■ 按照《中华人民共和国环境影响评价法》《建设项目环境保护管理条例》《建设项目的环境影响评价分类管理名录》以及项目环评批复报告，积极与属地生态环境主管部门对接，确定办理类型。

结合本项目实际，按照属地生态环境主管部门办理要求，梳理形成本项目《小环评办理流程图》。

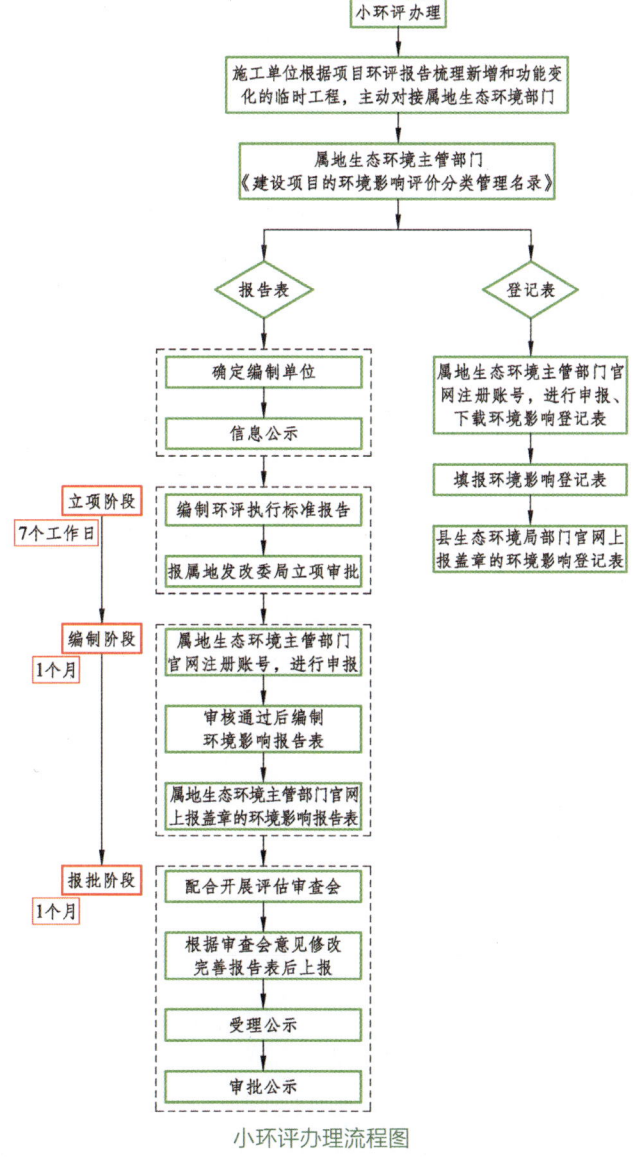

小环评办理流程图

二、水保要件办理

2020年9月21日，水利厅以（川水函〔2020〕1278号）文批复《泸定至石棉高速公路水土保持方案修编报告》。

现已缴纳完成项目水保补偿费用571.66万元。

水保方案批复文件

行洪论证与河势稳定评价的行政许可

- 根据《中华人民共和国取水许可管理办法》，及时办理拌合站、碎石加工场等临时工程取水许可手续。

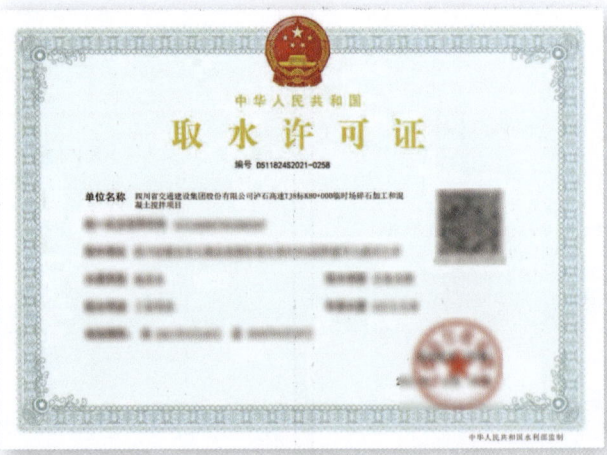
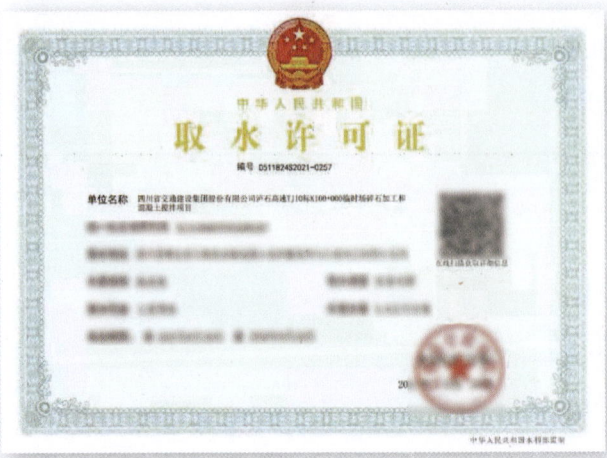

■ 根据《水利部生产建设项目水土保持方案变更管理规定（试行）》的通知（办水保〔2016〕65号）、《生产建设项目水土保持技术标准》（GB 50433—2018）等文件要求，梳理形成《高速公路建设项目水保重大变动清单》。

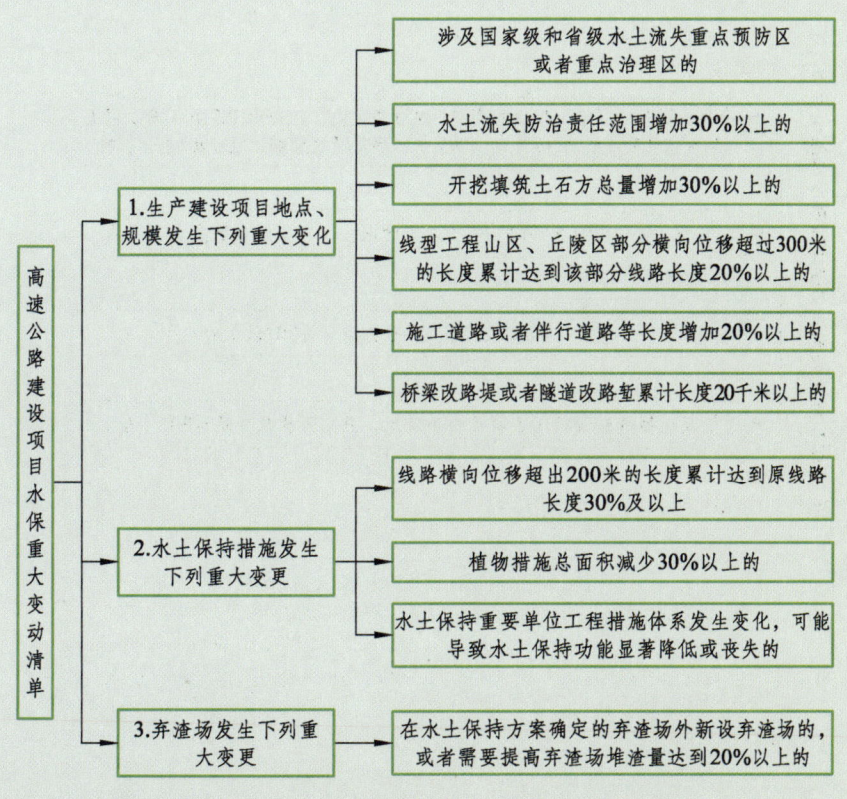

高速公路建设项目水保重大变动清单

■ 根据《四川省水利厅关于印发四川省生产建设项目水土保持措施变更管理办法（试行）的通知》（川水函〔2015〕1516号）文件要求，梳理形成《四川省高速公路建设项目水保重大变动清单》。

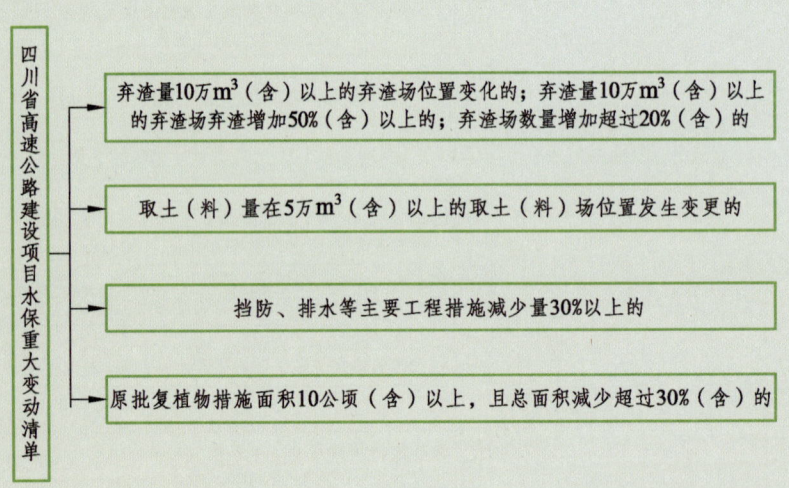

四川省高速公路建设项目水保重大变动清单

■ 根据《中华人民共和国水土保持法》《中华人民共和国水土保持法实施条例》等法律法规要求，按照《开发建设项目水土保持方案编报审批管理规定》（2017年修编），结合项目实际情况，梳理形成《公路建设项目水保要件办理流程图》。

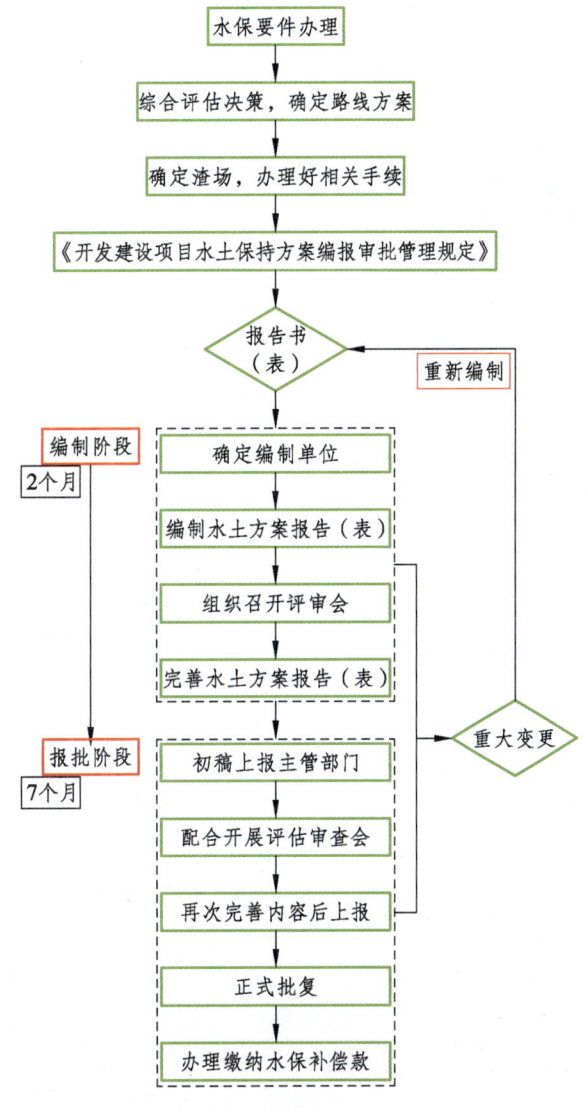

公路建设项目水保要件办理流程图

02

设计阶段环保工作

一、设计阶段环保选线

为深入贯彻落实"保护优先、预防为主、综合治理"基本方针，泸石公司在设计阶段严格落实环保选线理念，组织设计、咨询单位和地方相关部门深入现场，反复优化完善路线方案，并取得相关行政主管部门的同意。

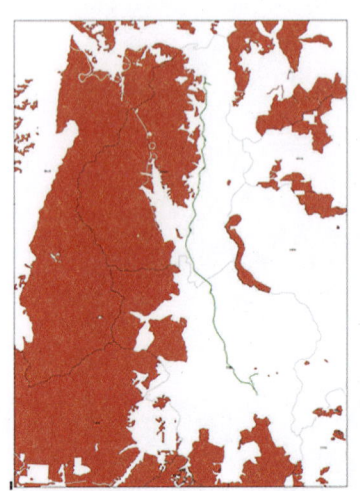

项目与沿线生态保护红线关系图

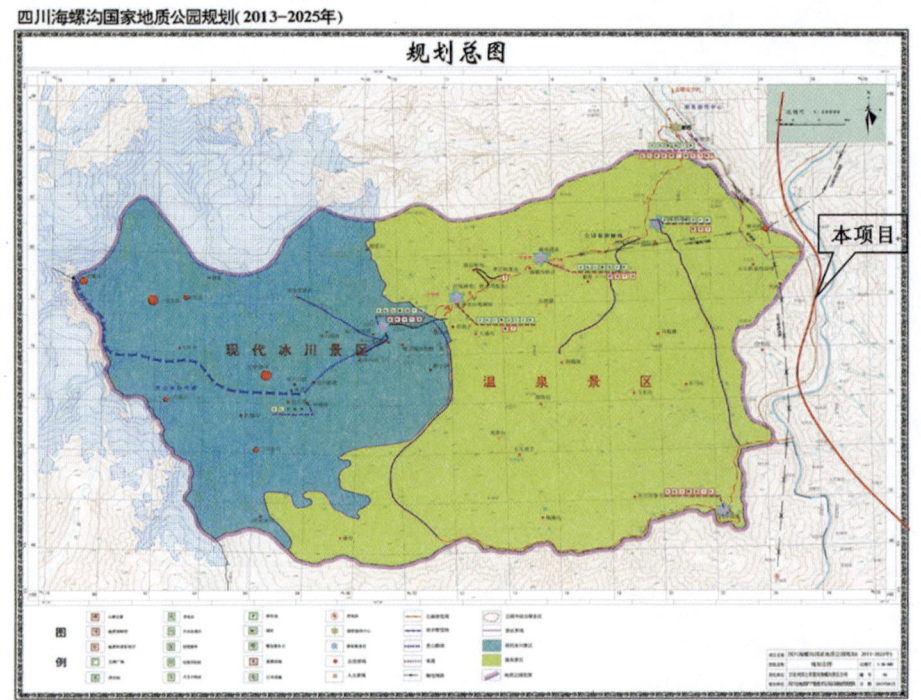

项目与四川海螺沟国家地质公园位置关系

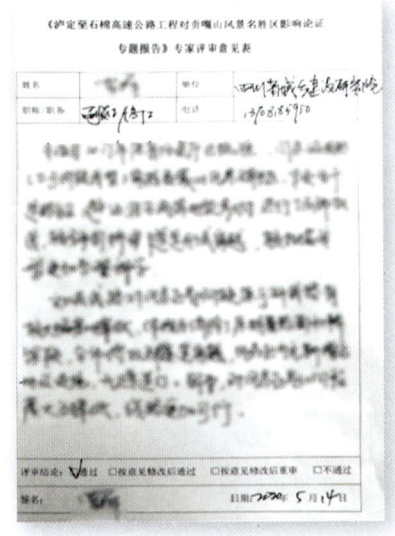

专家评审　　　　　　　泸定县主管部门复函　　　　　　　石棉县主管部门复函

贡嘎山风景名胜区项专题报告

■ 经不断优化，项目不占用饮用水源地，不涉及自然保护区、生态红线等生态敏感点，对沿线城市规划区和建成区无干扰。

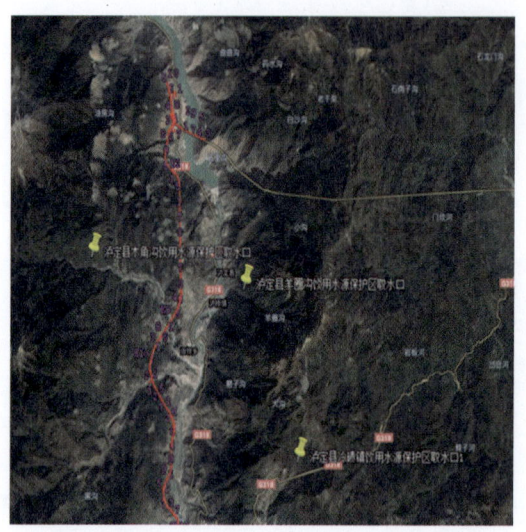

项目与沿线城镇（乡镇）饮用水源位置关系

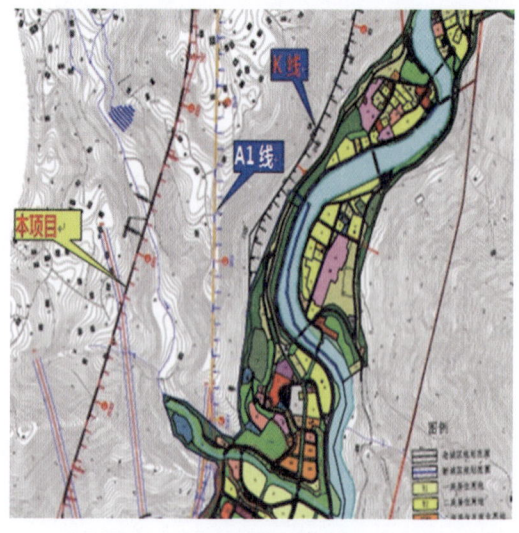

项目与沿线自然保护区的位置关系

项目与沿线生态红线的位置关系

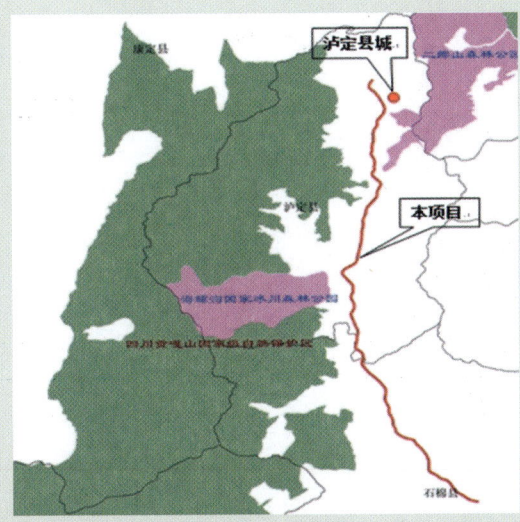

项目与沿线城市规划区的位置关系

■ 超前规划，主动避让珍稀植物（桫椤、云南松等名木古树），最大限度对沿线陆地、森林生态环境进行保护；

初设阶段和施设阶段不断优化线路设计、最大化减少永久占地面积；

施工图设计阶段永久占地（236.789公顷）较原工可阶段永久占地（399.6公顷）大规模减少永久用地约40.74%。

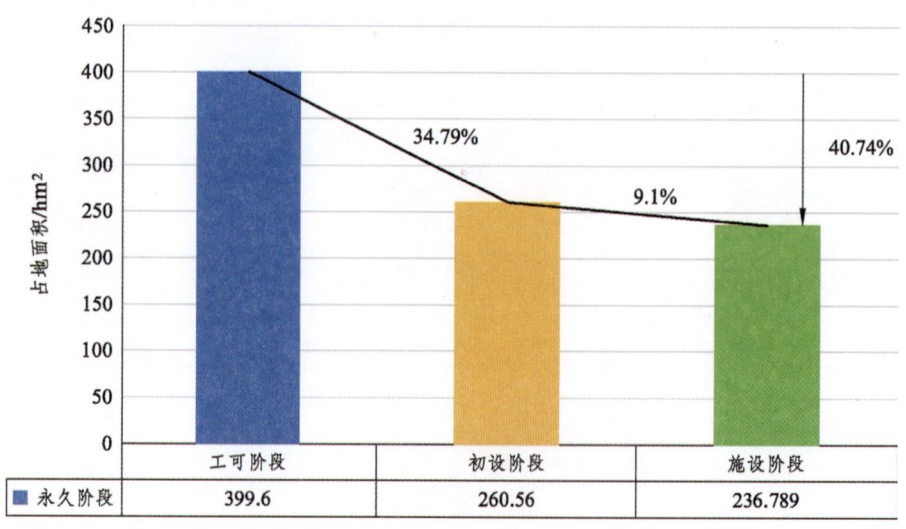

项目各阶段规划永久占地情况

二、设计阶段弃渣场合理选址

组织参建单位积极会同沿线政府主管部门和设计单位合理确定了23处弃土场选址。

通过图纸分析以及对现场进行调查，23处弃渣场分布合理，均不涉及城镇规划范围，也不涉及自然保护区、森林公园、饮用水源保护区等环境敏感区域，满足水土保持的选址原则和基本要求。

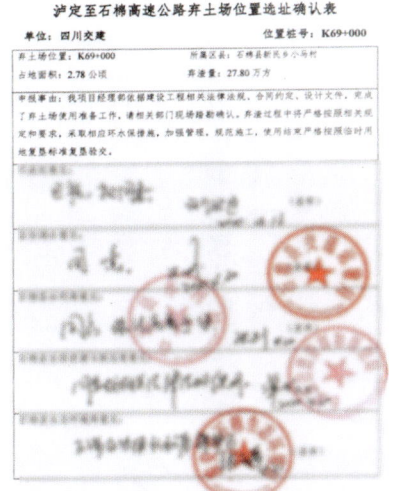
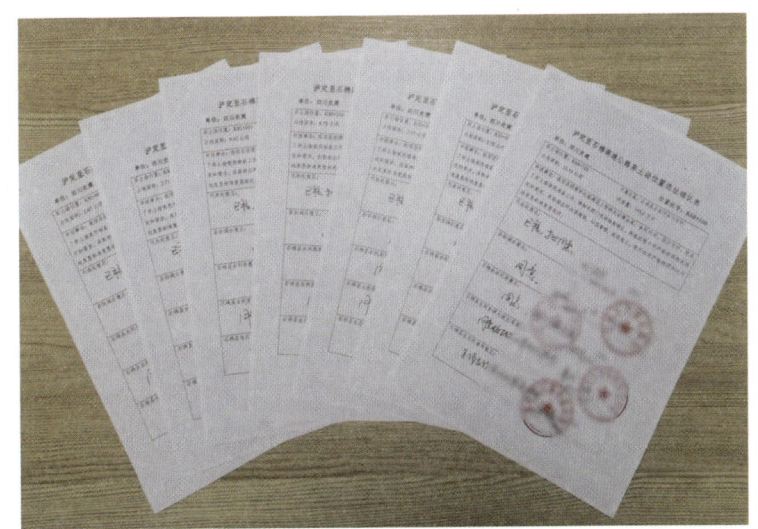

■ 在设计阶段，结合项目区地形地貌和地质条件特征，充分综合考虑路线主体工程（路基、桥梁、隧道、互通等）的挖填特点、桥梁、隧分布情况以及沿线施工条件，加大对弃渣余方的综合利用量（利用率约60%），减少弃渣量和渣场数量，减少因工程建设带来的水土流失风险。

隧道洞渣及部分挖余方经过加工用于项目填方和主体、临时建设，实现弃渣高值化利用。

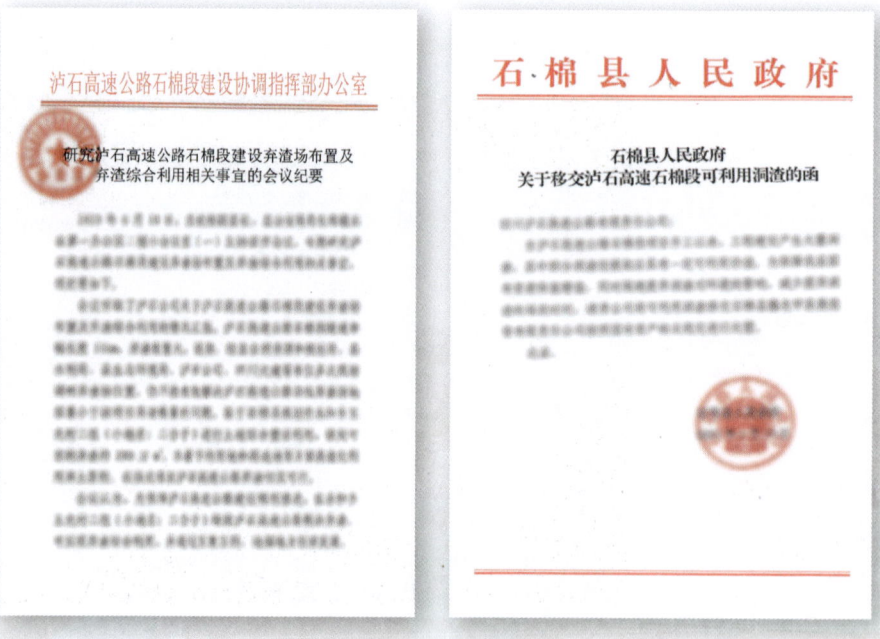

地方政府对弃渣综合利用

■ 在弃渣场选址过程中，在保障安全的前提下，充分考虑土地最大化利用，尽可能少占耕地，减少对生态环境影响，确保水土保持效益最大化。

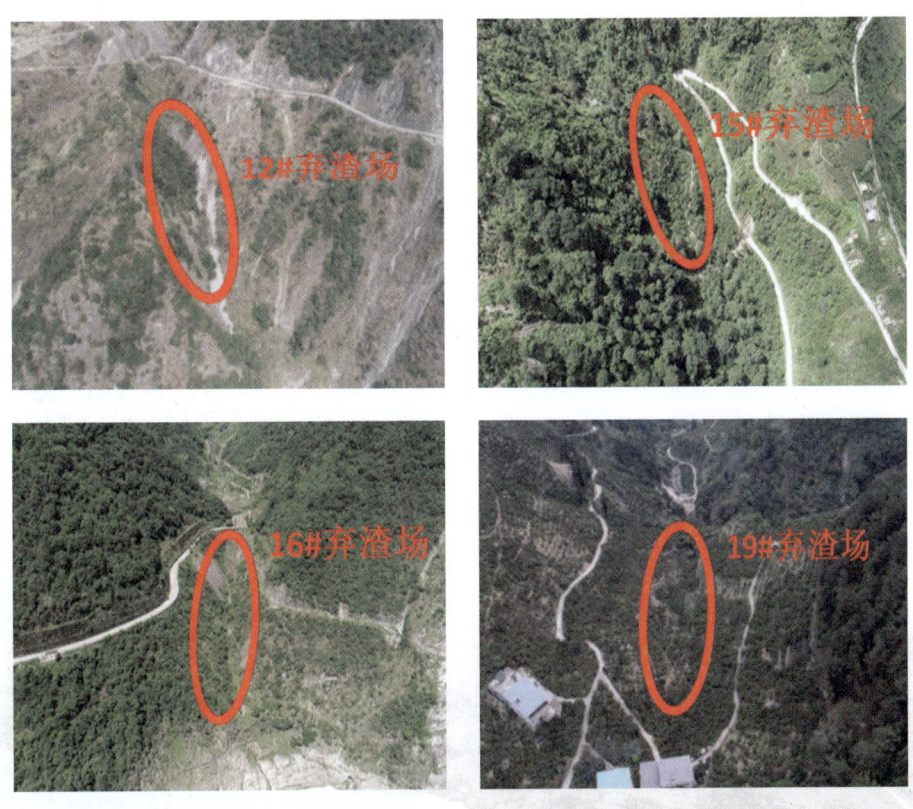

弃渣场选址于荒沟、支毛沟和凹地处

弃渣场选址导图

《生产建设项目水土保持技术标准》（GB50433—2018）
① 严禁在对公共设施、基础设施、工业企业、居民点等有重大影响的区域设置弃土（石、渣、灰、矸石、尾矿）场
② 涉及河道的应符合防洪规划和治导线的规定，不得设置在河道、湖泊和建成水库管理范围内
③ 在山丘区宜选择荒沟、凹地、支毛沟，平原区宜选择洼地、荒地，风沙区宜避开风口
④ 应充分利用取土（石、砂）场、废弃采坑、沉陷区等场地
⑤ 应综合考虑弃土（石、渣、灰、矸石、尾矿）结束后的土地利用
⑥ 弃土（石、渣、灰、矸石、尾矿）场应收集地形图和遥感影像资料，地形图比例尺不小于1：10000；地形图范围应满足弃土（石、渣、灰、矸石、尾矿）场汇水计算要求，并应反映下游地形地物情况；10万方以上的弃土（石、渣、灰、矸石、尾矿）场应收集相关工程地质资料

《水土保持工程设计规范》（GB51018—2014）
① 弃渣场选址应根据弃渣场容量，占地类型与面积、弃渣运距及道路建设、弃渣组成及排放方式、防护整治工程量及弃渣场后期利用等情况，经综合分析后确定
② 严禁在对重要基础设施、人民群众生命财产安全及行洪安全有重大影响的区域布设弃渣场
③ 弃渣场不应影响河流、沟谷的行洪安全，弃渣不应影响水库大坝、水利工程取用水建筑物、泄水建筑物、灌排干渠（沟）功能。不应影响工况企业、居民区，交通干线或其他重要基础设施的安全
④ 弃渣场应避开滑坡体等不良地质条件地段。不宜在泥石流易发区设置弃渣场；确需设置的，应确保弃渣场稳定安全
⑤ 弃渣场不宜设置在汇水面积和流量大、沟谷纵坡陡、出口不易拦截的沟道；对弃渣场选址进行论证后，确需在此类沟道弃渣的，应采取安全有效的防护措施
⑥ 不宜在河道、湖泊管理范围内设置弃渣场，确需设置的，应符合河道和防洪行洪的要求，并应采取措施保障行洪安全，建设由此可能产生的不利影响
⑦ 弃渣场选址应遵循"少占压耕地，少损坏水土保持设施"的原则。山区、丘陵区弃渣场选址在工程地区和水文地质条件相对简陋，地形相对平缓的沟谷、凹地、坡台地、滩地等；平原区弃渣应优先考虑洼地（采砂）坑，以及落地、空闲地、平滩地等
⑧ 风蚀区的弃渣场选址应避开风口区域

选址敏感点
1、弃渣场堆渣高度超过20m或弃渣场超50万方的（编报弃渣场稳定性评估报告）
2、弃渣场上游汇水面积超过1平方千米的（编报弃渣场行洪论证）

保护对象 安全防距离
干线铁路、公路、轨道、高压输变线路、铁塔等基础设施1.0H～1.5H
生产建设项目生活区、居住区、城镇、工矿企业≥20H
水库大坝、取用水建筑物、泄水建筑物、灌排干渠≥10H 注1：H——弃渣场设计总堆高。
注2：安全防护距离计算：弃渣场以坡脚线为起始界线；铁路、公路、道路建构物由其边缘起；航道由设计水位线岸边起；工况企业由其边缘或围墙算起；
注3：规模较大的居民区（人口大于0.5万人）和有建制的城填应适当加大防护距离

需要注意的是：该防护距离是指弃渣过程中，滚石越过渣场范围滚动的距离，并非由于垮塌面产生的滑稳距离；若弃渣场下方切实有房屋，否则后续工作很难开展和协调

弃渣场选址

沟道型，拦挡工程类型：挡渣墙、拦渣堤、拦渣坝；斜坡防护工程类型：框格护坡、浆砌石护坡、干砌石护坡；防洪排导工程类型：拦渣坝、排洪渠、泄洪隧（洞）、截水沟、排水沟
① 渣场上游来水集中时，应设置排洪建筑物，多采用排洪沟和涵洞，也可采用暗管和隧洞；
② 应结合地形条件布置消能、沉砂设施

坡地型，拦挡工程类型：挡渣墙、拦渣堤；斜坡防护工程类型：框格护坡、干砌石护坡；防洪排导工程类型：截水沟、排水沟。坡面宜先采取植物措施，坡比大于1：1的宜采取综合护坡措施

临河型，拦挡工程类型：拦渣堤；斜坡防护工程类型：浆砌石护坡、干砌石护坡；防洪排导工程类型：截水沟、排水沟
① 宜在迎水侧坡脚布设护脚措施
② 设计洪水位以下的迎水坡面应采取斜坡防护措施。设计洪水位以上坡面宜优先采取植物措施，坡比大于1：1的宜采取综合护坡措施

平地型，拦挡工程类型：挡渣墙或围挡；斜坡防护工程类型：植物坡或综合护坡；防洪排导工程类型：截水沟、排水沟。坡面宜首先采取植物措施，坡比大于1：1的宜采取综合护坡措施

库区型，拦挡工程类型：挡渣墙、拦渣堤；斜坡防护工程类型：干砌石护坡；防洪排导工程类型：截水沟、排水沟

弃渣场级别	增量V（万m³）	最大增渣高度H（m）	渣场失事后对主体工程或环境造成危害程度
①	2000≥V≥1000	200≥H≥150	严重
②	1000>V≥500	150>H≥100	较严重
③	500>V≥100	100>H≥60	不严重
④	100>V≥50	60>H≥20	较轻
⑤	V<50	H<20	无危害

根据《水土保持工程设计规范》，弃渣场级别应根据堆渣量、最大堆渣高度以及渣场失事对主体工程或环境造成危害程度来确定，标准就高不就低

根据《水土保持工程设计规范》弃渣场类型包括沟道型、坡地型、临河型、平地型、库区型。不同类型弃渣场的工程防护措施应参照下表确定

根据《水土保持工程设计规范》，弃渣场与重要基础设施之间应留有安全防护距离，安全防护距离应满足相关行业要求，因此参考《水利水电工程水土保持技术规范》（SL575—2012）的要求

弃渣场选址导图

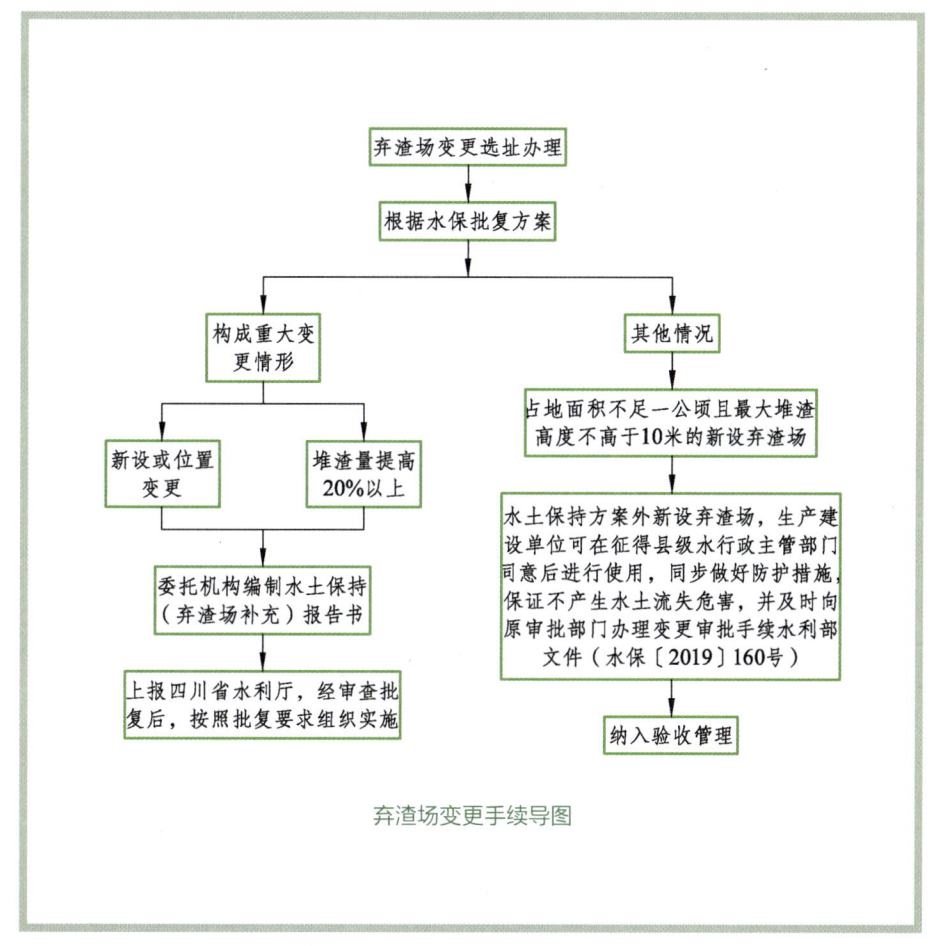

弃渣场变更手续导图

03

施工阶段环境保护和水土保持措施

一、生态环境保护

泸石高速全线18个隧道均实现隧道"零开挖"进洞，最大程度减少对原始地貌的扰动，减少了土石方开挖量和人力物力资源的投入，实现了人与自然"双赢"。

得妥隧道进口"零开挖"

隧道"零开挖"进洞

裸土覆盖

裸土覆盖和边坡绿化

项目部绿化

拌合站绿化

珍稀植物打围挂牌

鱼类保护公示牌

表土剥离集中堆放

二、水环境保护

■ 得妥特大桥：一是优化设计，采用格构墩，水中无承台，墩柱和桩基直连，避免钢围堰施工，减少对河床扰动，从源头上减少污染；二是施工阶段钢栈桥及施工平台插打钢护筒，实现桩基泥浆循环利用，大大降低对周边水环境的影响。

涉水桥梁桩基施工泥浆及污水处理

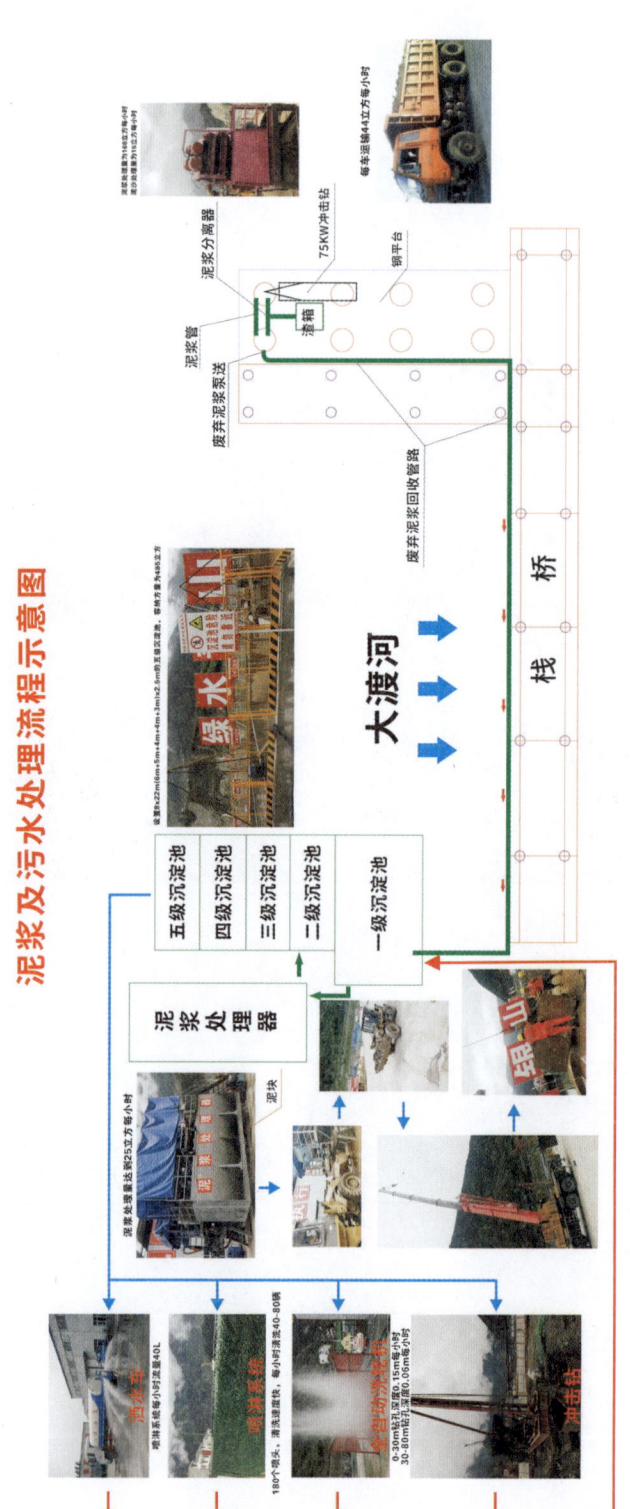

泥浆及污水处理流程图

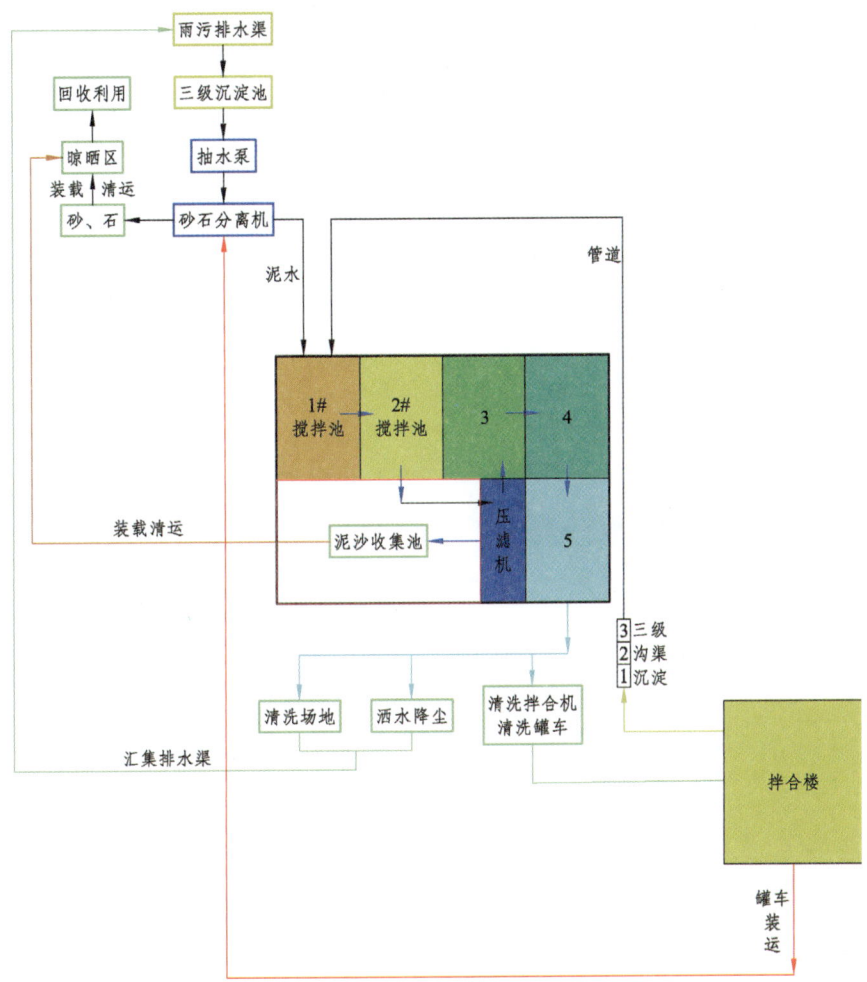

污水处理系统及流程图

安顺特大桥筑岛施工

车载式废弃泥浆处理系统实现泥浆零排放

生活区油水分离　　　　　　　　隧道生产废水和涌突水双处理系统

得妥隧道进口涌水沉淀池（3000m^2）　　　得妥隧道进口涌污分流"双系统"

得妥隧道涌污分流（1）边墙　　　　　得妥隧道涌污分流（2）掌子面

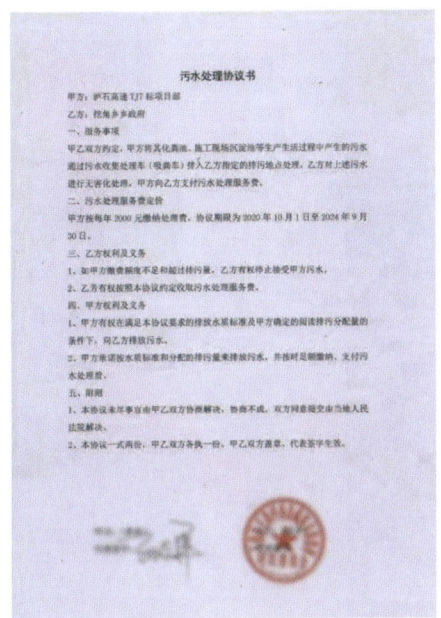

生活污水处理协议

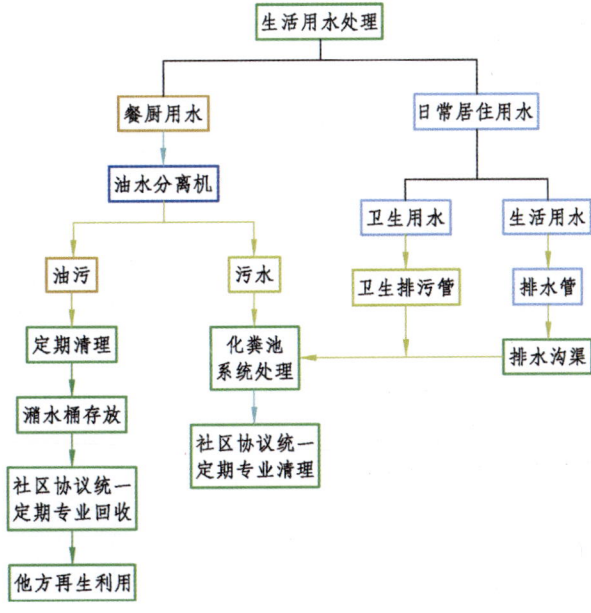

生活污水处理流程

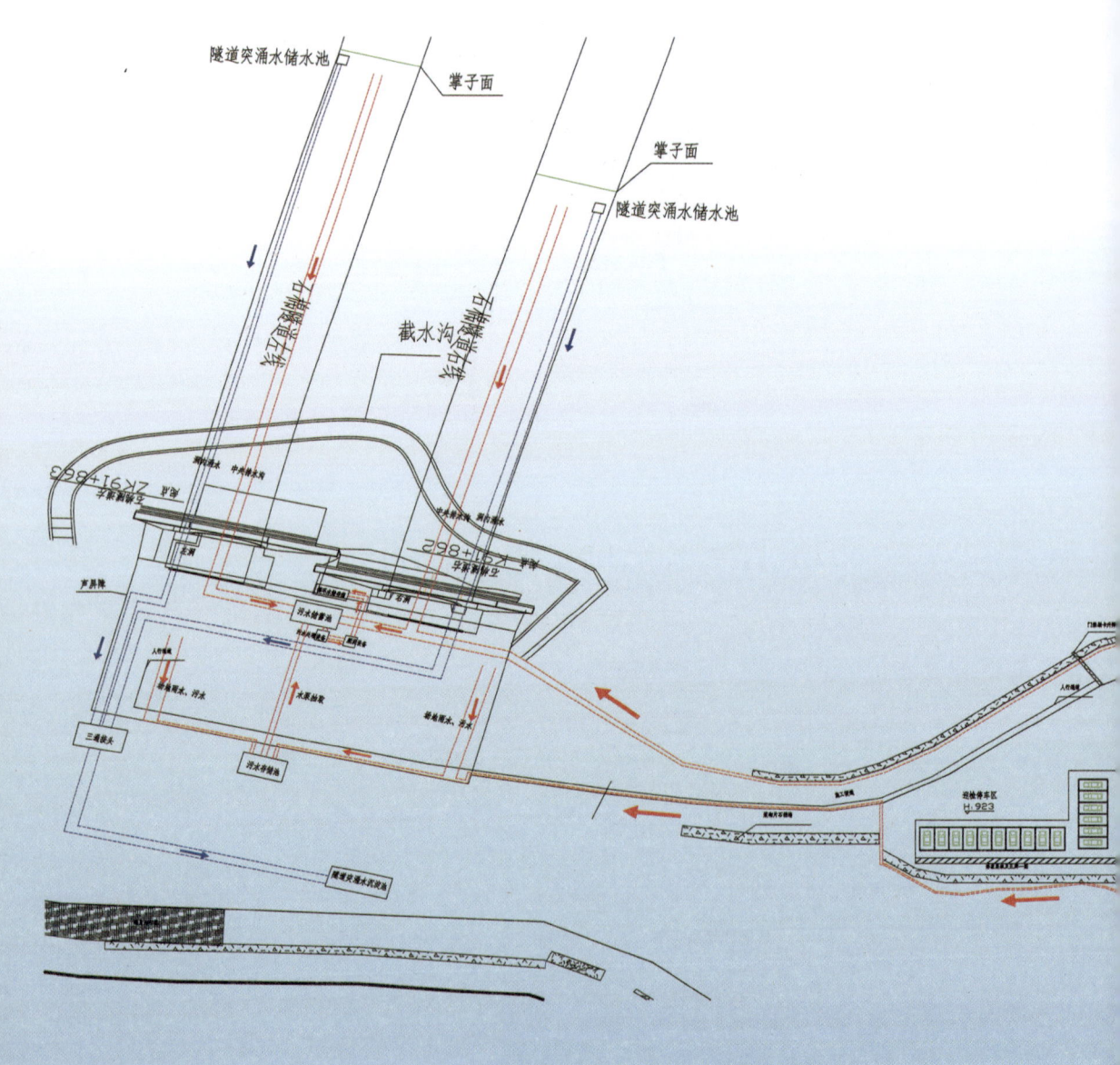

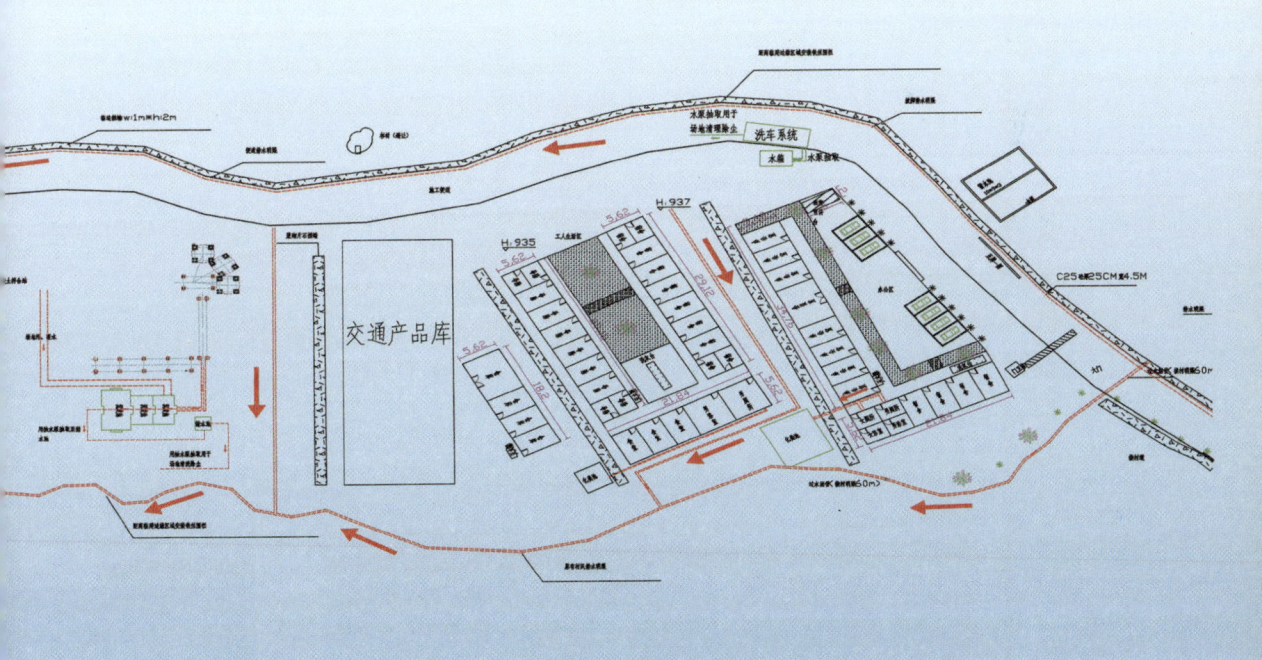

隧道生产废水和涌突水排水示意图

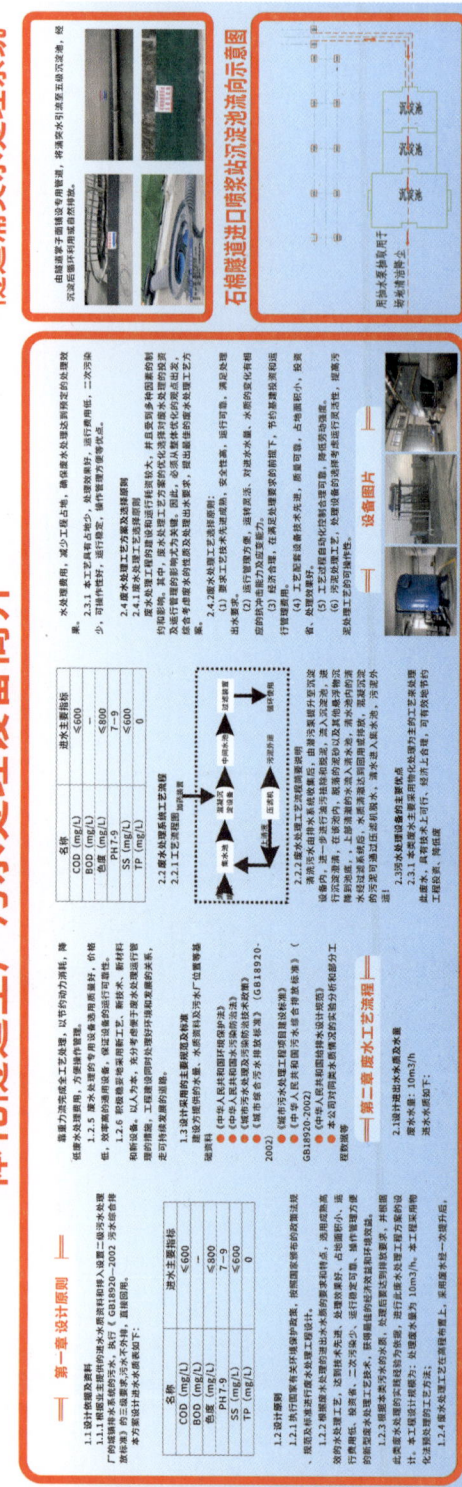

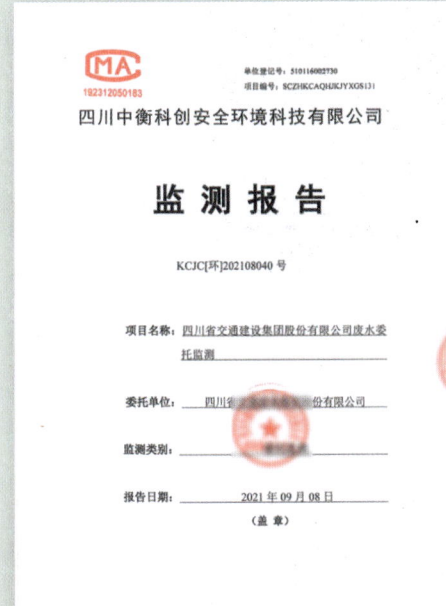 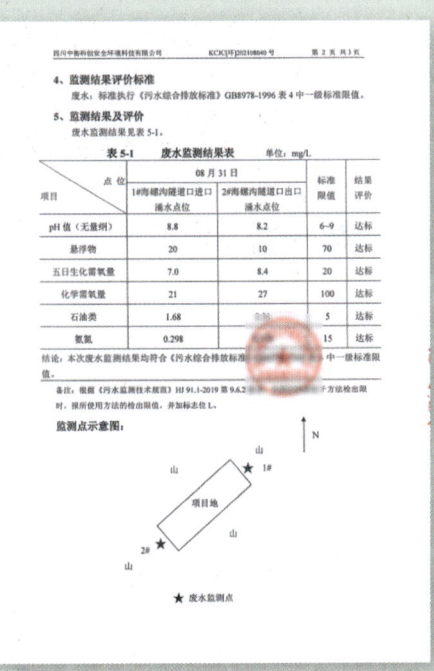

隧道涌水检测报告

三、空气环境保护

便道硬化

噪声监测设备

施工工点进出洗轮机　　　　　　　　裸土覆盖

环境敏感区拌合楼全封闭

蜀道集团　泸石高速　生然之路

喷淋降尘系统

旱烟净化器　　　　　　　　　　全自动抑尘雾桩

洒水车

运渣车出场清洗

吸尘车与洗扫车

四、声环境保护

噪声监测设备

声屏障

五、固废、危废处置

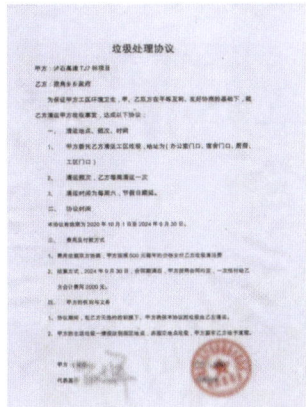 

生活垃圾处理协议、清运照片

 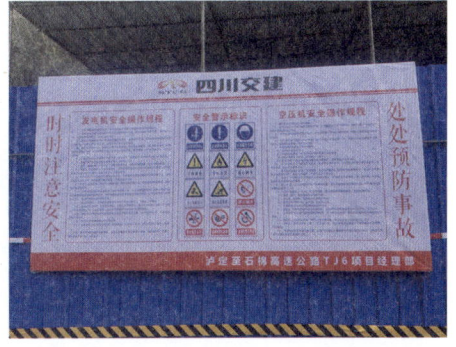

生活垃圾分类收集　　　　野外临时使用发电机及油料四防措施

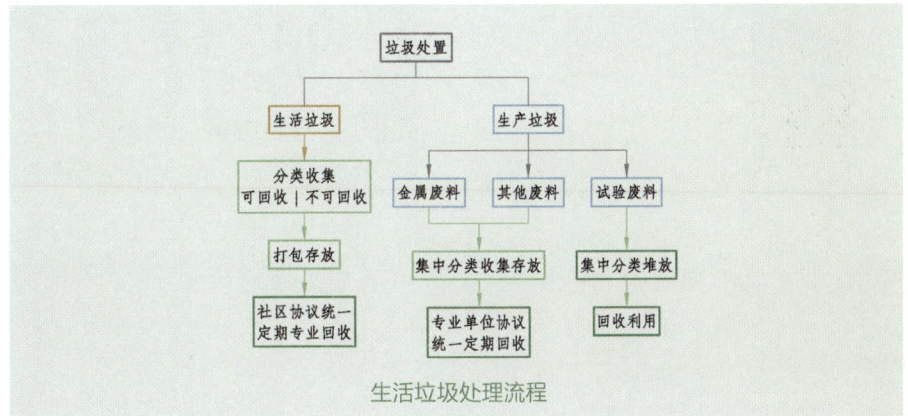

生活垃圾处理流程

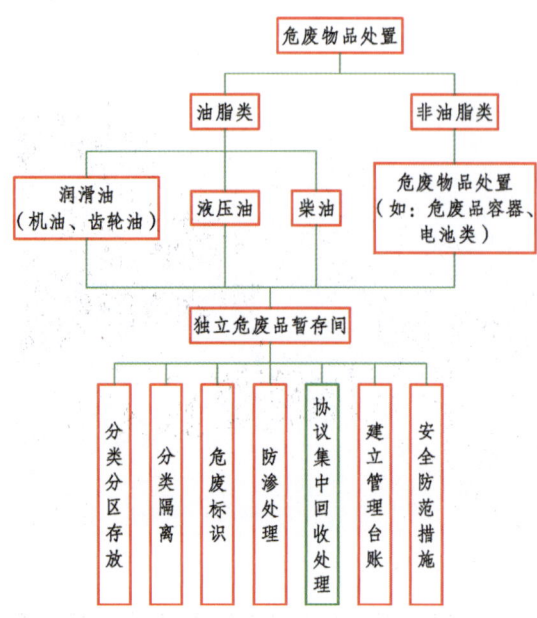

危废处理流程

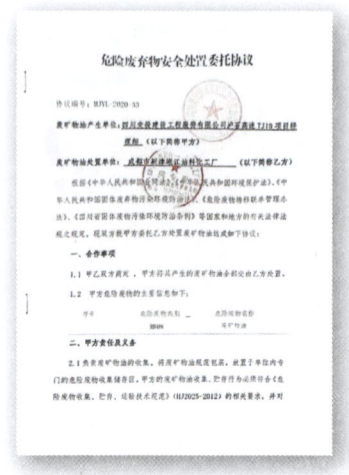

签订危废处理协议

建立标准化危废暂存间

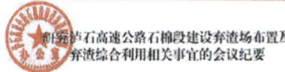

弃渣综合利用

■ 严格按照水土保持方案报告书及其批复要求，遵循"表土剥离—先挡后弃—截排水沟—分层碾压—削坡开级—整治绿化—验收—移交"的弃渣场标准化施工流程和"一场一图"要求，做到依法合规、按图施作。

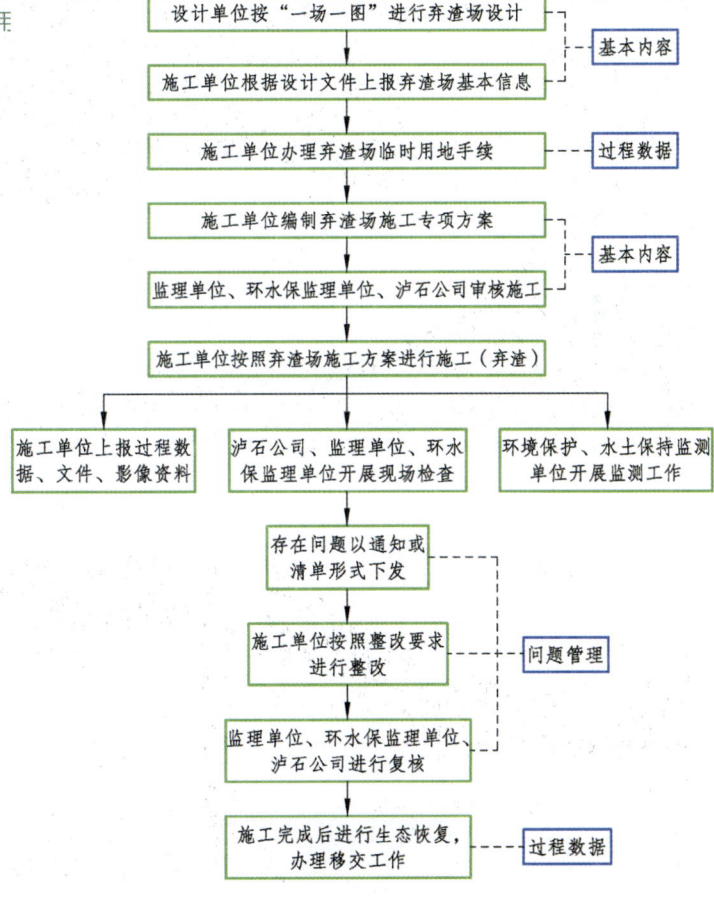

弃渣场标准化施工流程图

47

六、弃渣场防治

进行表土剥离;遵循"先挡后弃"原则;修建截排水沟、急流槽、沉砂池;弃土弃渣;削坡开级,分层碾压;场地平整、恢复植被;及时办理移交手续。

弃土场

水土保持公示牌

七、施工便道防治

现场施工便道

04

建设单位
标准化管理措施

一、方案规划

强化方案引领，组织专业咨询单位编制《全面加强泸石高速生态环境保护、坚决打好污染防治攻坚战的行动方案》《高速公路建设事中环境保护守法导则》，以专业化、全局化方案指导项目环水保管理水平上台阶。

强化方案规划，督促施工标段遵循"两个阶段""三个环节""三级审查"的原则落地落实隧道环水保措施，以全局化、专业化方案作指导，持续保护隧道施工区域及周边生态环境，不断提升泸石高速公路生态文明建设能力。

"两个阶段"：开工前和开工后两个阶段编制完善《隧道施工环水保总体规划方案》和《实施方案》；

"三个环节"：按照方案审批、方案实施和验收、措施运行与评估程序落实各项环水保措施；

"三级审查"：按照总包部内审、监理审查、业主核备原则进行方案审查。

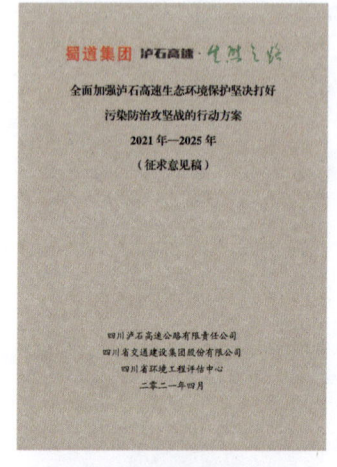

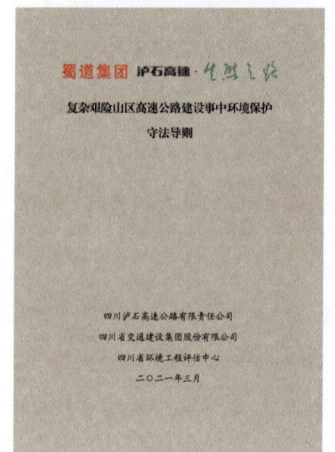

二、规范化管理

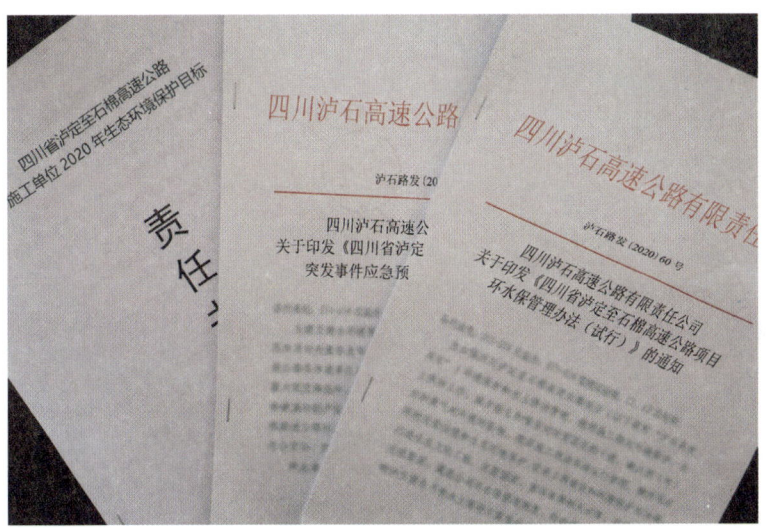

健全管理机制，压实管理责任

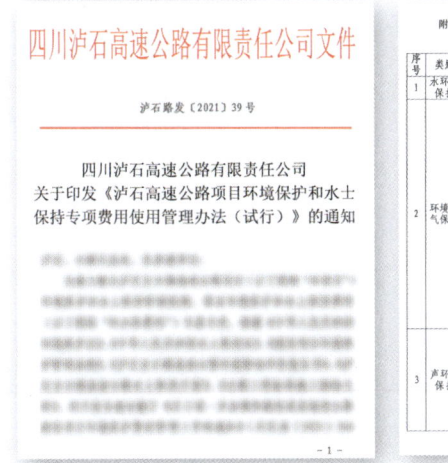

编制专项费用管理办法

三、清单化管理

切实把环境保护和水土保持相关政策、法律法规、标准、规范以清单形式予以固化,将责任和工作要求落实到每个单位和每一个责任人,实行照单履责、按单办事,达到明晰责任、规范管理、简明扼要、提高效率、防范化解风险的目的。精心组织环保咨询、水保监理等相关单位,查阅资料、充分讨论研究,形成《泸石高速公路环水保标准化管理清单》。

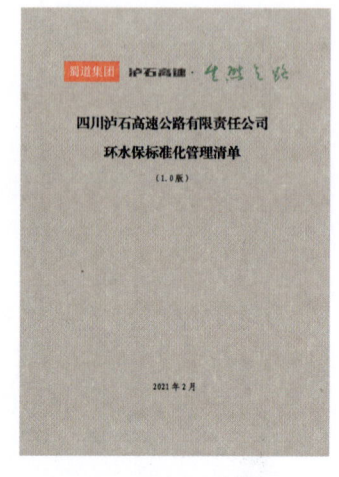

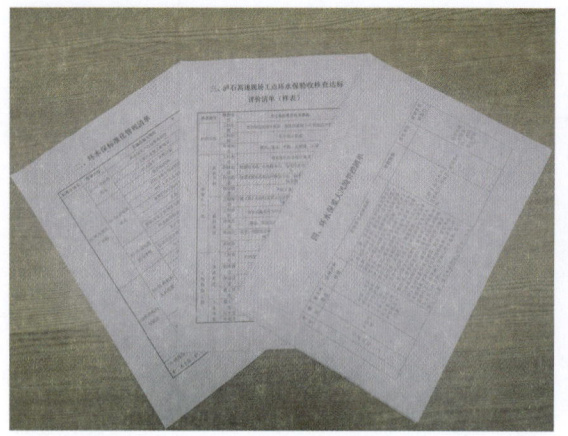
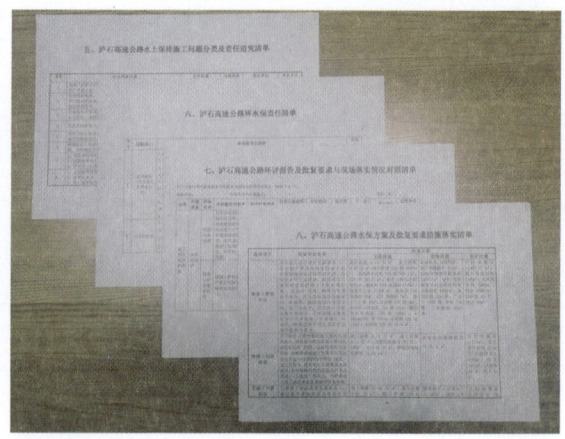

环水保标准化管理清单

《泸石高速公路环水保标准化管理清单》主要内容：《企业环水保主体责任清单》《环水保标准化管理清单》《现场工点环水保验收核查达标评价清单》《环水保重大风险管控清单》《水土保持施工问题分类及责任追究清单》《参建各方环水保职责清单》《环评报告及批复要求与现场落实情况对照清单》《水保方案及批复要求措施落实清单》。

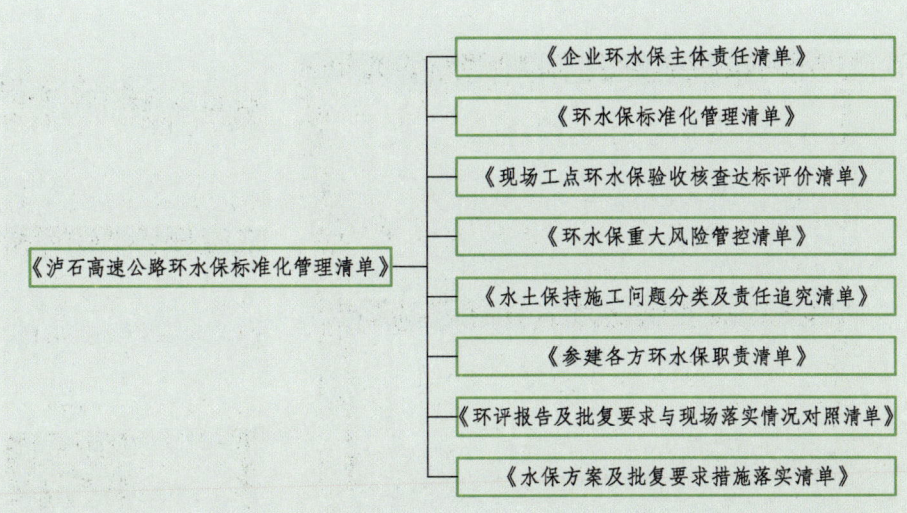

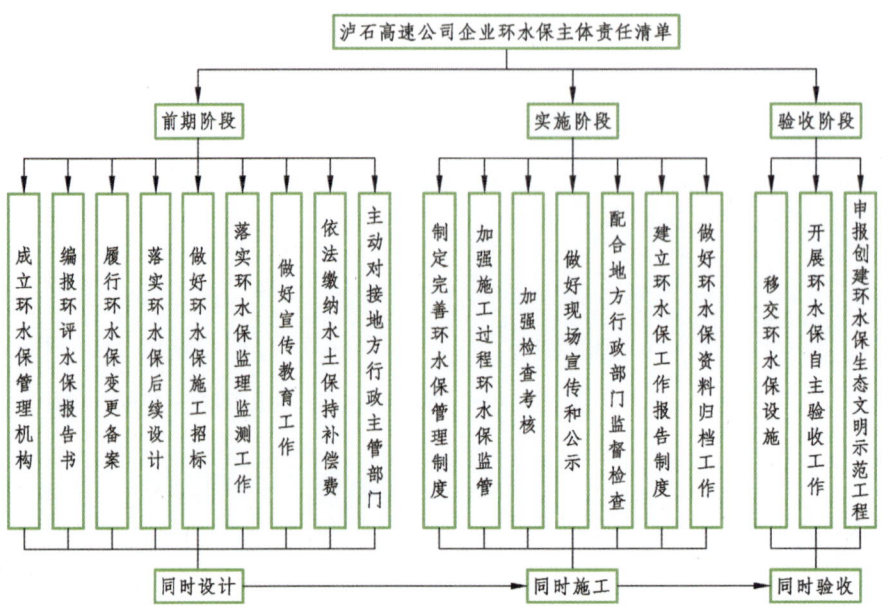

企业环水保主体责任清单

标准化内业管理

四、网格化管理

实施网格化管理，各工点现场公示业主代表处、土建监理、施工标段、工区环水保责任人相关信息，确保环水保责任监督、落实到位。

五、强化过程监管

严格考核,编制《环境保护和水土保持目标考核评价表》《环境保护和水土保持违法清单》,强化监管,逗硬奖惩。对隧道废水外排、弃渣乱倾乱倒、先弃后挡、弃渣涉水、未在水保批复方案指定的弃土场弃渣、未办理小环评等违约、违法行为进行严肃追责问责处理,情节严重的,通过纪检介入调查,并约谈上级公司法人进行督办,通过党纪、国法震慑作用,警钟长鸣,规范施工行为。

泸石高速公路环境保护和水土保持
目标考核评价表

序号	考核任务	分值	考核标准	自评得分	考评得分	备注
一	否定指标	一票否决	1.事故。因严重环境污染直接导致人员死亡或10人(含)以上中毒。 2.突发环水保事件。因处置不当,造成人员死亡或承担环境污染责任。 3.因环水保工作不到位,被省、中央环水保督察小组等省部级以上单位发现重大问题并予以处罚。 4.其他项。 (1)瞒报、谎报、漏报、迟报或敷衍拖延事故(事件)报告。(包括事故、事件,以及受到各级环水保部门或上级主管部门通报、约谈、督办、处罚情况) (2)发生其他具有较大不良影响的环水保事件。			
二	日常管理指标	80				
(1)	党政同责、一岗双责	7	1.领导班子履职到位。严格履行职责,组织开展本单位环水保监督检查并严格考核奖惩,扎实开展环水保风险研判和隐患排查,及时消除环水保隐患,认真研究解决环水保工作中的重大问题,严格执行上级指令。未组织开展,每项扣2分。 2.重点岗位人员,环水保管理人员履行环水保管理职责。履职不到位,每人扣1分。 3.每月定期研究分析、总结、部署环水保重点工作。未组织开展,每次扣2分。 4.未按泸石公司环水保季度工作会议和专题会议布置落实的,每项扣1分。 5.未根据泸石公司要求执行的,或超出工作要求时限的,每次扣1分。			

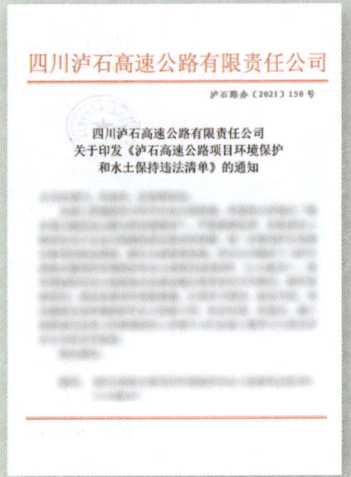

六、信息化管控

通过"环保云管家"APP强化过程监管,实施智能监测,深化科技管理力量。

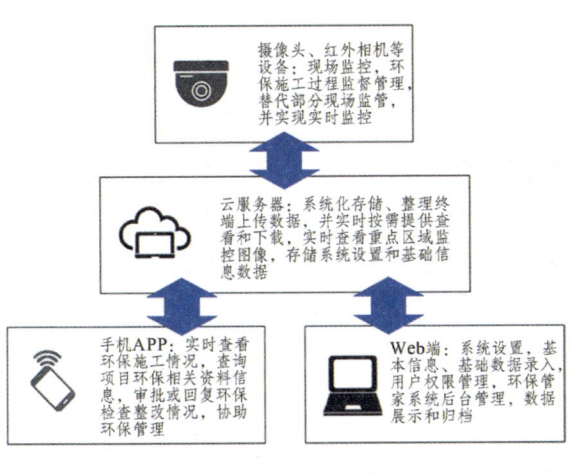

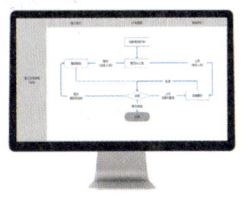

■ 对主要施工工点和重要场站实施智能监测和24小时全天候实时监控,对噪声、扬尘监测数据进行统计分析,严控指标不超出界限,突发状况及时处置。

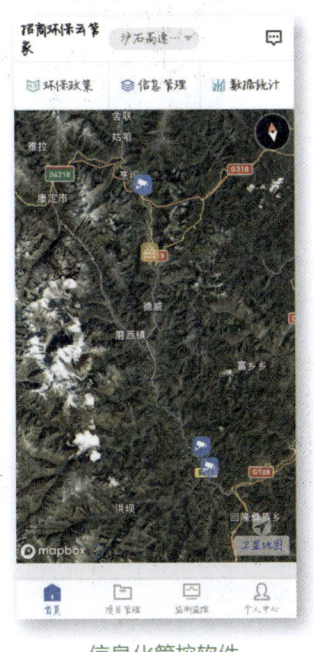

信息化管控软件

七、专业化指导

邀请专家开展教育培训,提高专业化水平

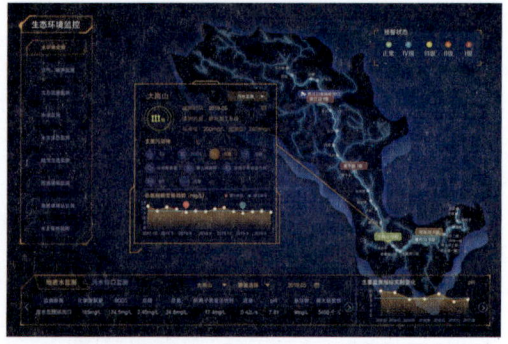

实施科研项目,提升专业化水平

八、示范引领

开展"生态之路"创建三年行动，发挥示范引领作用，推动生态文明建设新成效在泸石高速不断发展。

争创示范工点

05

竣工验收阶段环水保工作

竣工环保验收调查阶段

竣工环境保护验收调查流程

根据《中华人民共和国环境影响评价法》《建设项目环境保护管理条例》《建设项目竣工环境保护验收暂行办法》《建设项目竣工环境保护验收技术规范（公路）》等法律法规要求，结合项目实际情况，梳理形成《公路建设项目竣工环境保护验收调查工作流程图》。

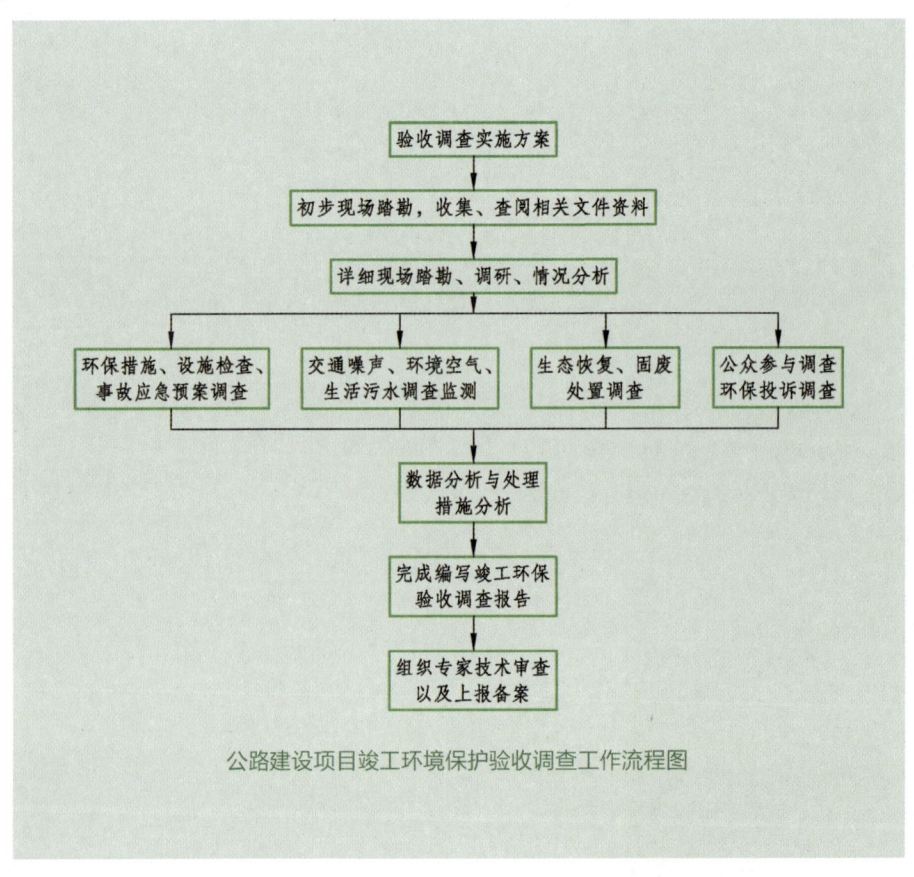

公路建设项目竣工环境保护验收调查工作流程图

05

竣工验收阶段环水保工作

竣工环保验收调查阶段

竣工环境保护验收调查流程

根据《中华人民共和国环境影响评价法》《建设项目环境保护管理条例》《建设项目竣工环境保护验收暂行办法》《建设项目竣工环境保护验收技术规范（公路）》等法律法规要求，结合项目实际情况，梳理形成《公路建设项目竣工环境保护验收调查工作流程图》。

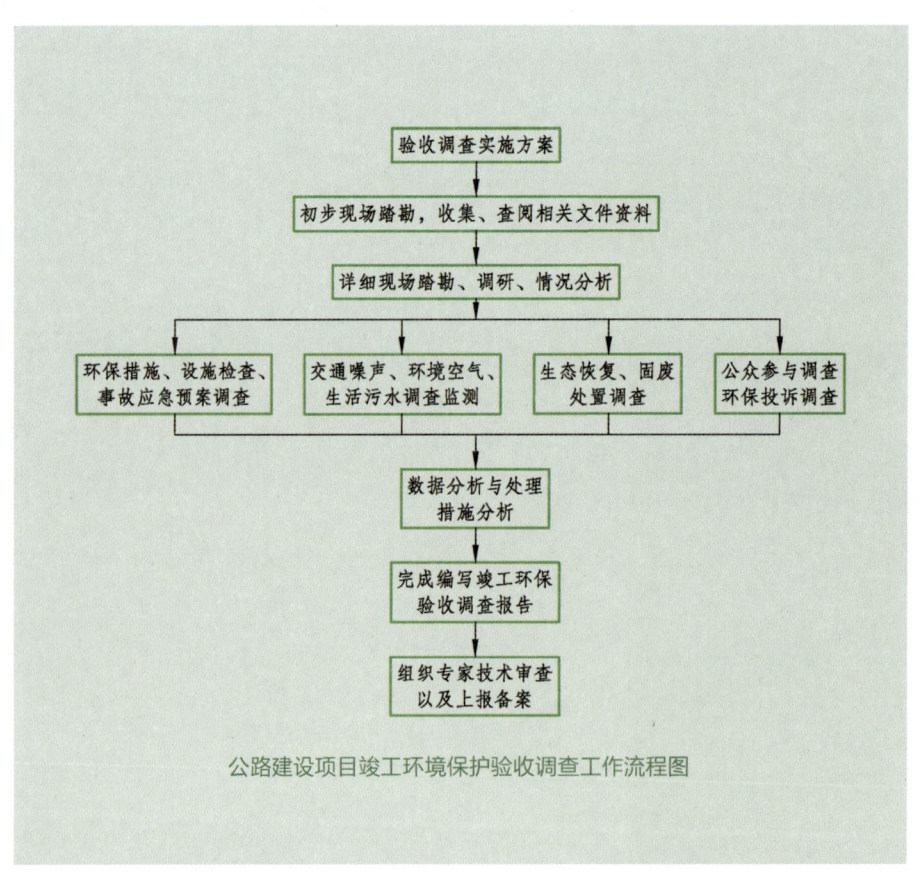

公路建设项目竣工环境保护验收调查工作流程图